Carolina Godoy Alcántar
Rodrigo Morales Cueto

Manual de prácticas, Laboratorio de fisicoquímica I

Carolina Godoy Alcántar
Rodrigo Morales Cueto

Manual de prácticas, Laboratorio de fisicoquímica I

Experimentos para estudiantes de Ciencias e Ingeniería

Editorial Académica Española

Imprint

Any brand names and product names mentioned in this book are subject to trademark, brand or patent protection and are trademarks or registered trademarks of their respective holders. The use of brand names, product names, common names, trade names, product descriptions etc. even without a particular marking in this work is in no way to be construed to mean that such names may be regarded as unrestricted in respect of trademark and brand protection legislation and could thus be used by anyone.

Cover image: www.ingimage.com

Publisher:
Editorial Académica Española
is a trademark of
International Book Market Service Ltd., member of OmniScriptum Publishing Group
17 Meldrum Street, Beau Bassin 71504, Mauritius

ISBN: 978-3-659-05361-0

Copyright © Carolina Godoy Alcántar, Rodrigo Morales Cueto
Copyright © 2014 International Book Market Service Ltd., member of OmniScriptum Publishing Group

Prefacio

El ***Manual de Prácticas de Laboratorio de Fisicoquímica I*** está dividido en cuatro secciones: *Gases, Termoquímica, Equilibrio Químico y Equilibrio de Fases y Fenómenos de Superficie*, con un total de 11 prácticas, las cuales le dan al estudiante una visión más completa de las diferentes áreas de trabajo en la fisicoquímica experimental, visión que se completará con aspectos cinéticos en cursos posteriores del área. El ***Manual de Prácticas de Laboratorio de Fisicoquímica I*** está basado en una selección de las prácticas de laboratorio contenidas en la bibliografía del curso y en la experiencia que se tiene durante varios años de impartir el curso de Laboratorio de Fisicoquímica 1. Para el curso de Laboratorio de Fisicoquímica 1 ya se tenían las prácticas, pero no compiladas de la manera que ahora se presentan. Cada práctica contiene objetivos, prelaboratorio, lista de material y reactivos, procedimiento, detalles sobre la adquisición de datos, tratamiento y análisis de resultados. Además se integran fotografías de los equipos y de algunos detalles que se consideran importantes para el mejor desarrollo de los experimentos. En la mayor parte de las prácticas los alumnos armarán un equipo o bien harán uso de un equipo analítico para el cual deberán conocer de manera anticipada su funcionamiento, por lo que en algunos casos, se han implementado prácticas más simples con el objetivo de que alumno adquiera habilidad en su manejo y uso para que la práctica se lleve a cabo en las mejores condiciones y en el tiempo asignado para la misma. Algunas de las prácticas requieren dos sesiones de trabajo, generalmente una sesión de calibración del equipo y otra de adquisición de datos. De esta manera las 11 prácticas contienen el trabajo a desarrollar en aproximadamente 14 semanas del semestre con 4 h por cada sesión.

Los autores deseamos expresar nuestro agradecimiento a las técnicas laboratoristas Verónica Arellano Organista y a Sofía Adriana Valdez Morales por su apoyo en la implementación y desarrollo de las prácticas y a la Licenciada en Ciencias Diana Caraballo de la Peña por ilustrar las prácticas con sus fotografías que amablemente fue obteniendo mientras tomaba este curso de laboratorio. Así como a la Facultad de Ciencias y al Centro de Investigaciones Químicas de la Universidad Autónoma del Estado de Morelos por la infraestructura, equipos, materiales y reactivos indispensables para el desarrollo de estas prácticas. Agradecemos también a McGrawHill Interamericana Editores, S.A. de C.V. por otorgarnos la licencia de uso de textos, figuras y tablas del libro *Experiments in Physical Chemistry* 5th Ed. para ser utilizados de manera exclusiva en este manual de prácticas.

CONTENIDO

GASES
PRÁCTICA 1. Razón de capacidades caloríficas — 4

TERMOQUÍMICA
PRÁCTICA 2. Termoquímica — 13
PRÁCTICA 3 Calorimetría de soluciones — 19
PRÁCTICA 4. Calorimetría de combustión — 27

EQUILIBRIO QUÍMICO
PRÁCTICA 5. Determinación de la constante de equilibrio de ácido acético por mediciones de conductividad — 38
PRÁCTICA 6. Determinación de la constante de equilibrio de anaranjado de metilo por mediciones espectrofotométricas — 42

EQUILIBRIO DE FASES Y FENÓMENOS DE SUPERFICIE
PRÁCTICA 7. Volumen parcial molar — 47
PRÁCTICA 8. Refractometría — 53
PRÁCTICA 9. Diagramas de fase binario líquido-vapor — 56
PRÁCTICA 10. Diagramas de fases binarios sólido-líquido — 63
PRÁCTICA 11. Estudio de la adsorción de ácido acético en carbón activado — 69

BIBLIOGRAFÍA — 73

PRÁCTICA 1

RAZÓN DE CAPACIDADES CALORÍFICAS EN GASES

Objetivo

Se determinará la razón C_p/C_v, cociente de la capacidad calorífica a presión constante sobre la capacidad calorífica a volumen constante por el método de la expansión adiabática. Los resultados se interpretarán en términos de la contribución hecha al calor específico por varios grados de libertad moleculares.

Prelaboratorio

a) Energía y grados de libertad moleculares.

b) Teorema de equipartición de energía.

c) Definición de capacidad calorífica a volumen y presión constante y su relación con la teoría cinética de los gases.

d) Revisar los valores de C_p, C_v y γ para gases monoátomicos, diatómicos, triatómicas y poliatómicas (en particular revise los valores correspondientes a los gases empleados en la práctica).

e) Expansión adiabática reversible para un gas ideal.

Introducción

El número de grados de libertad de una molécula es el número de coordenadas independientes necesarias para especificar su posición y configuración.

1. Grados de libertad traslacional: se requiere tres coordenadas independientes para especificar la posición del centro de masa de la molécula.

2. Grados de liberación de libertad rotacional: todas las moléculas con más de un átomo requieren la especificación de la orientación de sus componentes en el espacio. Considere por ejemplo, una molécula diatómica rígida. Esta se pude representar como

dos masas puntuales (átomos) conectadas por una barra rígida (enlace químico). La conformación de la molécula estaría especificada por tres coordenadas independientes del centro de masa, pero además se requerirían dos coordenadas adicionales para describir la rotación de la molécula que pueden ser tomadas respecto a dos ejes mutuamente perpendiculares a la barra.

3. Grados de libertad vibracional: estos se refieren a los desplazamientos de los átomos respecto de sus posiciones de equilibrio en la estructura molecular (vibraciones). El número de grados de libertad vibracional es de 3n-5 para moléculas lineales siendo n el número de átomos. Para moléculas no lineales es de 3n-6. Para cada grado de libertad vibracional hay un modo normal de vibración y una frecuencia armónica característica.

De acuerdo al principio de mecánica estadística sobre la equipartición de la energía, cada grado de libertad traslacional o rotacional de una molécula tiene asociada una cantidad $kT/2$ de energía cinética y cada grado de libertad vibracional una contribución de $kT/2$ de energía cinética o de energía potencial. (La correspondiente contribución de la energía por mol $RT/2$).

De este modo, un gas monoatómico (que no tiene grados de libertad rotacionales o de vibración) tiene solamente energía traslacional equivalente a $\frac{3}{2}RT$ por mol. Así, la capacidad calorífica a volumen constante de un gas monoatómico ideal es:

$$C_v^* = \left(\partial U^* / \partial T\right)_v = \frac{3}{2}R \qquad (1\text{-}1)$$

Este valor es independiente de la temperatura, no así para moléculas poliatómicas para las que la energía molecular total se define como:

$$E = E(trasl) + E(rot) + E(vib) \qquad (1\text{-}2)$$

de modo que a temperatura ambiente, el valor de C_v^* es de $\frac{5}{2}R$ para moléculas diatómicas y este valor sí cambia con la temperatura. Por ejemplo a T= 2000 K se han activado los modos de vibración interna y el valor de la capacidad calorífica puede llegar a ser de $\frac{7}{2}R$. (Para moléculas diatómicas E (rot) involucra dos grados de liberad y lo mismo E (vib).

Se pueden ahora calcular valores aproximados para moléculas poliatómicas para C_v^* o para la razón C_p^*/C_v^*. Para gases monoatómicos ideales en los cuales no hay rotación ni vibración molecular así como para gases diatómicos en los que no hay vibración, los valores de las capacidades caloríficas están definidos y no cambian con la temperatura.

El método de la expansión adiabática

Para la expansión adiabática reversible de un gas ideal, el cambio en la energía interna está dado por el cambio en el volumen del gas por la expresión:

$$dU = -p\, dV = -\frac{nRT}{V} dV = -nRT\, d\ln V \qquad (1\text{-}3)$$

Ahora bien, para un gas ideal $dU = C_v dT$, donde C_v es constante, por lo que substituyendo esta expresión en la ec. (3) se obtiene:

$$C_v^* \ln\frac{T_2}{T_1} = -R\ln\frac{V_2^*}{V_1^*} \qquad (1\text{-}4)$$

Con $C_v^* = C_v/n$, $V^* = V/n$, con **n** igual al número de moles del gas.

Esta ecuación predice el decremento de la temperatura que trae consigo la expansión adiabática del gas.

Considérese ahora el proceso siguiente, dividido en dos pasos, para un gas denotado por A:

PASO I. El gas se expande reversible y adiabáticamente hasta que la presión baja de P_1 a; p_2; $p_1 > p_2$

$$A(p_1, V_1^*, T) \rightarrow A(p_2, V_2^*, T_2) \tag{1-5}$$

PASO II. A volumen constante se restaura la temperatura inicial del gas a T_1.

$$A(p_2, V_2^*, T_2) \rightarrow A(p_3, V_2^*, T_1) \tag{1-6}$$

Si se usa la ley del gas ideal en la forma

$$\frac{T_2}{T_1} = \frac{p_2 V_2^*}{p_1 V_1^*} \tag{1-7}$$

de la ecuación (1-4) se obtiene:

$$\ln\frac{p_2}{p_1} = -\frac{(C_V^* + R)}{C_V^*}\ln\frac{V_2^*}{V_1^*} = -\frac{C_p^*}{C_v^*}\ln\frac{V_2^*}{V_1^*} \tag{1-8}$$

ya que para un gas ideal $C_p^* = C_v^* + R$

Para el paso II que restaura la temperatura original del gas A a T_1,

$$\frac{V_2}{V_1} = \frac{p_1}{p_3} \tag{1-10}$$

Por lo que

$$\ln\frac{p_1}{p_2} = \frac{C_p^*}{C_v^*}\ln\frac{p_1}{p_3} \tag{1-11}$$

que puede reescribirse en la forma

$$\gamma = \frac{\ln\left(\dfrac{p_1}{p_2}\right)}{\ln\left(\dfrac{p_1}{p_3}\right)} \tag{1-12}$$

El método se lleva a cabo con el arreglo experimental mostrado en el diagrama de la **Figura 1.1**. El paso I (1-5) se realiza retirando el tapón de la botella que contiene el gas y colocándolo rápidamente de nuevo en su posición sellando la botella. De este modo la presión p_1 del gas, que al inicio debe ser un poco mayor que 1 atm, cae a la presión atmosférica p_2. El paso II ocurre simplemente dejando que la temperatura del gas remanente en la botella regrese a la temperatura inicial T_1. Las presiones inicial p_1 y final p_2 se leen en un manómetro de tubo abierto.

Las ecuaciones (1-3) a (1-12) se aplican a la parte del gas que permanece en la botella. Para justificar esto, se puede imaginar que dentro de la botella el gas esta separado en dos partes por una barrera imaginaria, de modo que la parte superior del gas es expulsada cuando la botella se abre. La parte inferior del gas se expande reversiblemente realizando trabajo contra la barrera imaginaria. Si el proceso es suficientemente rápido puede considerarse adiabático, es decir no tiene intercambio de calor con sus alrededores. Sin embargo, la parte de gas que deja la botella interacciona irreversiblemente con los alrededores. El resultado experimental, valor de γ será tan bajo cuanto irreversible sea el proceso. Por otro lado, si el tapón permanece fuera de su posición durante mucho tiempo, la condición adiabática se perderá. Finalmente, si el tapón no se quita un tiempo suficiente de su lugar, se obtendrá un valor alto de la razón de capacidades caloríficas. Para satisfacer las condiciones del experimento se debe considerar quitar el tapón completamente de la botella y alejarlo una distancia de entre 2 a 3 pulgadas y colocarlo de nuevo en su posición tan rápido como sea posible.

Aparatos y reactivos

- Vaso de precipitados de 1000 mL
- Cronómetro
- Barómetro
- Manómetro de tubo abierto

- 2 pinzas de disección
- 1 garrafón de vidrio protegido con cinta canela (ver **Figura 1.1**)
- Tanque de He ó Ar
- Tanque de N_2
- Tanque de CO_2

Procedimiento

1. Arme el dispositivo mostrado en la **Figura 1.1**, ver **Ilustraciones 1 a 3**.
2. El manómetro utilizado en el experimento es de tubo abierto, así que las lecturas de presión deben ser corregidas por la presión atmosférica leída en un barómetro, p_2
3. Para llenar la botella con el gas deseado en el caso de que este sea más pesado que el aire, ponga el tapón firmemente en la botella y abra las llaves a y b .Cierre la c. Si el gas es más ligero que aire invierta las conexiones a y b para llenar la botella desde arriba con el gas deseado desalojando el aire por debajo. El flujo de gas debe ser aproximadamente de 6 L min^{-1}.
4. Permita que el gas fluya durante 15 minutos.
5. Retarde el flujo de gas a una fracción de la rapidez de entrada cerrando parcialmente la llave a. Observando el manómetro, abra cuidadosamente la llave c y con mucha precaución cierre la llave b. Cuando lea una presión de 1.1 atm en el manómetro cierre el tubo a. Permita que el gas se equilibre térmicamente con los alrededores, es decir cuando la columna del manómetro se estabiliza. La lectura del manómetro es el valor p_1. Corrija por la presión atmosférica.
6. Quite completamente el tapón de la botella (retírelo 2 o 3 pulgadas) y colóquelo de nuevo tan rápido como sea posible. Primero observará un decaimiento de la presión, espere a que se incremente y se estabilice (aproximadamente 15 minutos) alcanzando el valor p_3.

7. Repita el procedimiento descrito para obtener dos mediciones más para el mismo gas. Las mediciones deben hacerse con helio o argón, nitrógeno y dióxido de carbono.

Cálculos

Emplee la ecuación (1-12) para calcular C_p^*/C_v^* para cada una de las corridas con cada uno de los gases empleados. Calcule también el valor teórico predicho por el teorema de equipartición de la energía. En el caso del nitrógeno calcule la razón de capacidades caloríficas con y sin la contribución vibracional a C_v^*.

Discusión

Compare sus valores experimentales para la razón de capacidades caloríficas y haga las deducciones posibles acerca de la presencia o ausencia de las contribuciones rotacional y vibracional. Considere las incertidumbres en los valores experimentales.

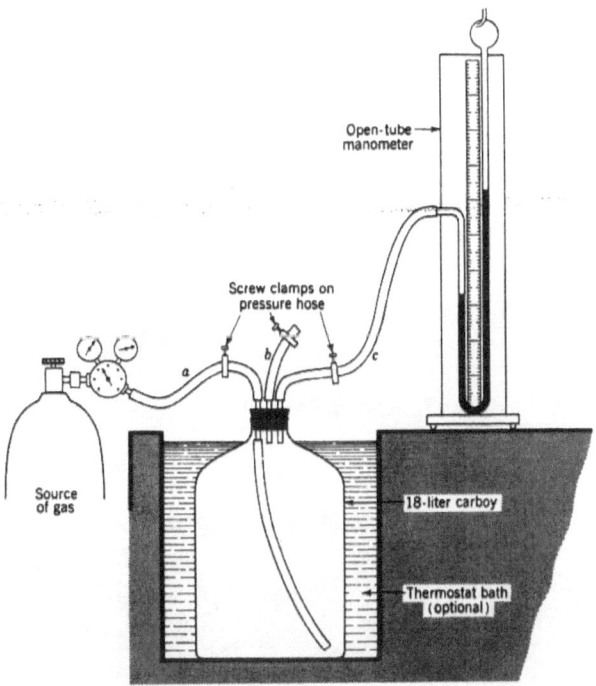

Figura 1.1 Dispositivo de trabajo para llevar a cabo la expansión adiabática de los gases. Reproducido con permiso de McGraw-Hill Interamericana Editores, S.A. de C.V., exclusivamente para ser incluido en este manual.

Ilustración 1. Se muestra la conexión de la manguera al manómetro del tanque de gas

Ilustración 2. Se presenta un acercamiento a las conexiones en el tapón del garrafón y mangueras con pinzas de presión para controlar la entrada o salida de gas

Ilustración 3. Se muestra el arreglo del equipo de trabajo con todas las conexiones al garrafón, tanque de gas y manómetro

PRÁCTICA 2

TERMOQUIMICA

Objetivo

En esta práctica el alumno realizará un análisis cualitativo de calores de reacción comunes. Al mismo tiempo distinguirá entre reacciones exotérmicas y endotérmicas y entre los términos termoquímica y calorimetría.

Prelaboratorio

a) Definición de termoquímica y calorimetría.
b) Demuestre que las leyes de la termoquímica son consecuencias de la primera ley de la termodinámica.
c) Definición de reacción exotérmica y endotérmica.
d) Definición de calor de: formación, combustión, adsorción, cristalización, solución, neutralización, ionización e hidratación.

Material y Reactivos

- 1 Vaso de pp. de 100 mL
- 3 Vasos pp. de 50 mL
- 3 Vasos de pp. de 150 mL
- 1 Agitador de vidrio
- 3 Pipeta graduada de 10 mL
- 1 Pipeta graduada de 5 mL
- 6 Tubos de ensaye
- 1 Termómetro decimal
- 1 Termómetro digital
- 1 Pinzas para tubo
- Corcholata

- 2 placas de asbesto
- 1 Espátula
- Lámpara de alcohol
- H_2SO_4, ácido sulfúrico concentrado
- Hidróxido de sodio
- Óxido de calcio
- Éter etílico
- Cristales de yodo
- Dicromato de amonio
- Silica gel
- Acetato de sodio
- Nitrato de amonio ó cloruro de amonio
- Agua destilada
- Hielo

Parte experimental

1.- Calor de solución negativo, *reacción exotérmica*.- Al efectuar la reacción entre ácido sulfúrico concentrado con agua destilada se genera una cantidad de calor el cual evapora el éter.

En el vaso de precipitados se colocan de 5 ml de agua y se le agregan de 10 a 20 ml de ácido **CON PRECAUCION** y agitando la solución ligeramente, una vez obtenida la solución se introduce en el vaso una ampolleta llena de éter y se acerca un cerrillo encendido al extremo abierto. Observar y anotar lo que sucede. ¿Qué ocurre en forma molecular entre el agua y el ácido?

Ilustración 4. El calor de disolución del ácido en agua evapora el éter contenido en un tubo de ensaye dentro del vaso de precipitados

2.- Calor de solución positivo, *reacción endotérmica*.- Cuando disolvemos nitrato de amonio en agua destilada, la temperatura final de la solución es menor.

En el vaso de precipitados colocamos la sal e introducimos el termómetro, se anota la temperatura inicial, se agregan 5 mL de agua destilada agitando ligeramente tomando la temperatura final. Concluya. ¿Cómo explicaría usted el comportamiento molecular?

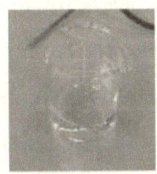

Ilustración 5. El vaso de precipitados contiene el agua en donde el nitrato de amonio se disuelve. La temperatura final es menor a la inicial

3.- Calor de solución negativo, *reacción exotérmica*.- Al disolver hidróxido de sodio en agua se desprende una gran cantidad de calor a los alrededores.

En el vaso de precipitados se coloca el hidróxido de sodio, se introduce 1 termómetro dentro del tubo de ensaye, el cual servirá como agitador, se agregan 5 mL de agua destilada, se agita levemente y se anotan la temperatura inicial y final. Anote sus observaciones.

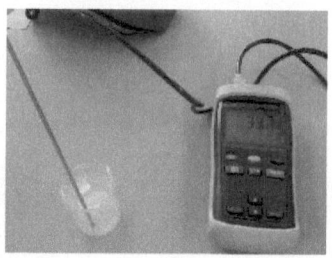

Ilustración 6. Mediante un termopar y un medidor digital es posible determinar el cambio de temperatura en el vaso de precipitados que contiene el hidróxido de sodio y el agua destilada

4.- Calor de cristalización, *reacción endotérmica*.- Se determinará el calor de cristalización a partir de una solución sobresaturada de acetato de sodio.

Se llena un tubo de ensaye hasta la mitad con acetato de sodio, y se agregan 2 mL de agua destilada. Se calienta hasta la disolución completa y posteriormente se enfría la solución introduciendo el tubo en agua fría, hasta que llegue a la temperatura ambiente.

En el otro tubo de ensaye se coloca la mitad de la solución y se agrega un cristal de la sal. Anote el tiempo que tarda en variar la temperatura por unidad de °C hasta la completa cristalización. Construya una gráfica de temperatura en función del tiempo. ¿Cómo se explica el comportamiento térmico representado en la gráfica obtenida?

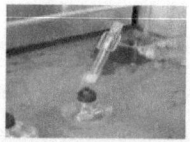  

Ilustración 7. En la fotografía de la izquierda se muestra el calentamiento del tubo de ensaye que contiene el acetato de sodio y el agua. En la fotografía del medio se muestra el enfriamiento de la disolución en un baño de agua y la formación de incipientes cristales. Después de un tiempo, los cristales de acetato de sodio son perceptibles a simple vista, imagen de la derecha

5.- Calor de adsorción, *reacción exotérmica*.- El proceso de adsorción de agua por la silica gel (SiO_2) desprende calor a los alrededores.

La sílica gel se coloca en el vaso de precipitados, se introduce el termómetro y se agrega el agua destilada. Se agita el vaso ligeramente y se anotan las temperaturas inicial y final. Observe y anote. ¿A expensas de cual energía se desprende el calor percibido?

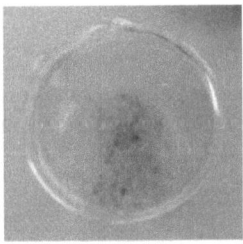

Ilustración 8. La coloración de la sílica gel cambia en los cristales formados. En esta imagen la totalidad del agua agregado no se ha absorbido aún

6.-Calor de hidratación, *proceso exotérmico*.- Sublimación de yodo por la hidratación de cal viva.

En una tela de asbesto se coloca una pequeña cantidad de cal viva de forma que quede elevado sobre la superficie. Sobre éste se colocan algunos cristales de yodo y se agregan unas gotas de agua sobre éste utilizando la piseta. La hidratación de la cal desprende calor. Anote sus observaciones.

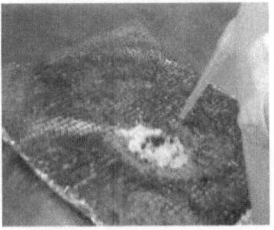

Ilustración 9. Hidratación de cal viva con agua destilada sobre una tela de asbesto. Se observa la sublimación de los cristales de yodo como producto del calentamiento súbito

7.- Diferentes tipos de calores de reacción

Sobre la placa de asbesto se forma un volcán con el dicromato de amonio y se colocan los cristales de yodo sobre el montículo de dicromato de amonio. Con la cinta de magnesio se traza una espiral pequeña y se coloca de forma que su extremo sobresalga del dicromato, este extremo se enciende con un cerrillo hasta que la cinta presente ignición completa, lo cual inicia una serie de reacciones entre los diferentes reactivos. Observe atentamente e indique qué tipos de reacción se presentan.

Ilustración 10. En la imagen se observa la combustión del dicromato de amonio junto a los cristales de yodo. Se observan una serie de fenómenos que finalizan con la formación de vapor morado, que es la sublimación de los cristales de yodo por absorción del calor producido

Cuestionario

1. Escriba la ecuación termoquímica que represente el o los fenómenos, que ocurren en cada una de las experiencias planteadas en la práctica.
2. Algunas experiencias requieren de agitación ¿Por qué no debe ser brusca?
3. En el experimento 1 ¿De dónde toma energía el éter para evaporarse?
4. En el experimento 7 ¿A qué se debe el cambio de color del dicromato?
5. En el experimento 7 ¿A qué tipo de reacción pertenece la ignición de la cinta de magnesio?
6. Describa brevemente el proceso de cristalización.
7. Mencione algunas aplicaciones prácticas de la termoquímica.

PRACTICA 3

CALORIMETRIA DE SOLUCIONES

Objetivos

1. Obtener el equivalente calórico de un calorímetro mediante la disolución de TRIS en HCl.
2. Determinar experimentalmente el calor involucrado en la disolución de KNO_3 en agua.

Prelaboratorio

a) Investigar el procedimiento para la determinación experimental del cambio de entalpia empleando un calorímetro de soluciones. Calibración y análisis de la muestra.

b) Cálculos para preparar 500 mL de HCl 0.1 N (HCl conc: 36 %, ρ= 1.19 g/mL)

Equipo, material y reactivos

- Calorímetro de soluciones
- Balanza analítica
- TRIS (tris(hidroximetil)amino metano)
- HCl
- Vaso de precipitados 250 mL
- Pipeta de 5 mL
- Espátula
- Nitrato de potasio

Introducción

Esta práctica está basada en un calorímetro de soluciones que es un instrumento que puede ser utilizado para medir el calor absorbido o cedido por reacciones químicas en fase líquida. En esta experiencia se observará el fenómeno de disolución de un sólido (soluto) en una substancia líquida (disolvente). El calorímetro Parr 1455 está diseñado para medir cambios de temperatura a presión atmosférica en sistemas que experimentan cambios de energía de 2 hasta 1000 calorías. En este calorímetro, el disolvente es contenido dentro de un recipiente de vidrio Dewar mientras el soluto (sólido o líquido) se encuentra aislado dentro de una celda giratoria de vidrio inmersa en el disolvente. Una vez que ambos reactivos se encuentran en equilibrio térmico, el contenido de la celda se vacía en el disolvente iniciando la reacción. Mientras esto ocurre la solución es agitada vigorosamente por la celda de rotación. Por otro lado, las temperaturas en el calorímetro se registran mediante un termómetro electrónico Parr 1672 de precisión. Este termómetro se encuentra incorporado al calorímetro y muestra las lecturas en una pantalla y tiene además capacidad de transmitir la información a una impresora o a una computadora. También tiene una salida analógica para producir un termograma en un graficador. Los datos así obtenidos pueden utilizarse para calcular los cambios de entalpía producidos por la reacción.

Procedimiento

Tamaño de la muestra. La cantidad de líquido que puede ser introducido en la celda giratoria es de hasta 20 mL, si la muestra es sólida el peso máximo es de 1 g. El recipiente Dewar debe llenarse por lo menos con 90 mL y hasta 120 mL de disolvente para cubrir adecuadamente la celda giratoria.

Llenado del recipiente Dewar. Para llenar el recipiente Dewar es necesario desmontarlo del contenedor metálico. Hay dos formas de introducir el líquido: volumétricamente o colocando el Dewar en una balanza analítica y llenarlo agregando líquido hasta el peso deseado. El Dewar preparado se coloca en el contenedor y con cuidado se empuja el anillo espaciador hacia abajo.

Colocación de la muestra sólida en la celda. La muestra sólida debe estar convenientemente pulverizada de modo que se disuelva rápidamente al mezclarse con el disolvente. Coloque el disco blanco de teflón sobre la balanza analítica y pese directamente la muestra sobre el disco. Coloque el disco pesado sobre una superficie plana y con cuidado presione la campana de vidrio sobre éste para armar la celda. No presione las paredes de la campana durante esta operación pues son muy frágiles y pueden romperse. Sujete entonces la celda al agitador introduciendo la unión plástica en el mango tanto como se pueda y apriete el tornillo de plástico con los dedos. Mantenga la cubierta del calorímetro en posición horizontal y con cuidado apoye el fondo de la celda giratoria sobre una superficie plana y firme. Inserte la barra de vidrio esmerilado que se usa para liberar el disolvente a través del eje de la polea y presione el extremo en el soquet del disco de teflón.

Combinación de los reactivos dentro del calorímetro. Cada prueba en el calorímetro de soluciones puede dividirse en 3 periodos.

- Un primer periodo durante el cual los reactivos alcanzan el equilibrio térmico.
- Un segundo periodo de reacción durante el cual los reactivos se combinan y se produce un cambio en la entalpía del sistema.
- Un tercer periodo durante el cual el calorímetro alcanza de nuevo el equilibrio térmico.

Al finalizar el primer periodo inicie la reacción presionando la barra de empuje para expulsar la muestra de la celda giratoria. Esto debe hacerse rápidamente sin interrumpir el giro de la barra por fricción con los dedos. Empuje la barra hacia abajo tanto como sea posible. Deje girar el agitador.

Operación del termómetro. El sistema de medición de temperatura del calorímetro es un termistor diseñado para operar en el intervalo de 0 a 70°C. La lectura digital de temperatura puede ser convertida a analógica en el intervalo de 0 a 10 volts. Para ello es necesario configurar el termómetro especificando los parámetros de escalamiento del convertidor analógico-digital. Esta salida analógica es útil cuando se dispone de un graficador. Sin embargo, la salida digital del termómetro puede ser almacenada en la memoria de una computadora en tiempo real o transferida en bloque desde la memoria del termómetro al final de las mediciones a través de un puerto RS232C. El termómetro puede almacenar hasta 1600 datos. Vea los códigos *109-196 y *300-399 y el capítulo 7 del manual de operación del termómetro. Si puede tener disponibles los datos en la memoria de una computadora deberá tratarlos con una hoja de cálculo o una base de datos para producir el termograma del proceso de disolución en el calorímetro.

Durante el proceso del termómetro se habrá utilizado como un controlador del calorímetro: códigos *15, 400-499, 500-599, 600-699 y 700-799 del manual de operación. El sistema integrado en el termómetro digital es capaz de:

- Verificar y reportar continuamente la temperatura del calorímetro.
- Determinar las temperaturas de equilibrio inicial y final.
- Determinar y aplicar la corrección por perdidas de calor.
- Calcular el equivalente calórico para el calorímetro.
- Almacenar los datos y transmitirlos a un graficador o a una computadora.

Cálculos

Una vez obtenido el termograma de la reacción (el procedimiento es análogo al de calibración descrito más adelante, pero inicie el proceso con *15), determine al cambio de temperatura producida por la reacción. Localice un punto en el termograma en el cual la temperatura alcance 63% del incremento total (o en su caso decremento).

Se propone el siguiente procedimiento gráfico. Identifique en el termograma el periodo previo a la apertura de la celda giratoria y para el periodo posterior a la reacción. Dibuje una línea recta sobre la gráfica del período previo prolongándola más allá del instante de apertura de la celda (si hay fluctuaciones en el termograma debidas a ruido trate de promediar al dibujar la línea). Haga lo mismo con el periodo posterior a la reacción. Utilice un escalímetro para medir cerca de la mitad del periodo de reacción la distancia R entre las dos extrapolaciones de las líneas anteriores. Multiplique esa distancia por 0.63. Coloque el cero del escalímetro sobre la línea del período previo extrapolado y mueva la regla sobre dicha línea hasta encontrar la intercepción con el termograma que se encuentra exactamente a 0.63R arriba de la línea del período. Dibuje una línea vertical a través de este punto que intercepte las dos líneas extrapoladas. Lea la temperatura inicial T_i, y la final T_f en los puntos de intersección con las líneas extrapoladas y calcule el cambio de temperatura corregido en su termograma (ver **Figura 3.1**)

$$\Delta T_C = T_f - T_i \tag{3-1}$$

El calor Q medido con el calorímetro se calcula por:

$$Q = e\Delta T_C \tag{3-2}$$

donde e es el equivalente calórico del calorímetro. El equivalente calórico e se determina por un procedimiento de calibración que se describe abajo. El cambio de entalpía, ΔH a la temperatura media de reacción es igual a $-Q$ dividido por la cantidad de muestra usada

$$\Delta H_T = -Q/m \tag{3-3}$$

Donde T, es la temperatura en el punto 0.63R del termograma.

Calibración del calorímetro y obtención del valor *e*

Los valores del equivalente calórico del calorímetro pueden determinarse a partir de operar el calorímetro en la forma usual con reactantes que liberan (o absorben) una cantidad conocida de energía. El equivalente calórico se calcula entonces dividiendo el calor Q por el aumento corregido de temperatura ΔT_C:

$$e = Q_E / \Delta T_C \tag{3-4}$$

Para la calibración del calorímetro se utiliza **TRIS** (tri hidroximetil amino metano), un polvo seco que puede usarse directamente del envase sin preparación adicional. Este compuesto no debe ser expuesto al aire ni a la humedad. Para la calibración, el TRIS se disuelve en ácido clorhídrico en una reacción controlada. El calor generado Q_E es bien conocido. Se recomienda disolver 0.5 g de TRIS en 100 mL de 0.1 N HCl para generar 58.738 calorías por gramo de TRIS a 25 °C. El procedimiento es el siguiente:

1. Tare la balanza con el Dewar y añada 100.00±0.05 gramos de 0.100 N HCl
2. Pese 0.50±0.01 gramos de TRIS en el disco de teflón del calorímetro en una balanza analítica.
3. Ensamble la celda giratoria, póngala en el calorímetro y arranque el motor poniendo *101 a 1.
4. Permita que el calorímetro se equilibre, inicialice el termómetro poniendo *15 enter. Obtenga el termograma.
5. Determine a partir del termograma el incremento de temperatura neto corregido ΔT_C.
6. Calcule la entrada de energía por medio de:

$$Q_E = m[58.738 + 0.3433(25 - T_{.63R})] \tag{3-5}$$

donde

Q_E = entrada de energía en calorías

m = TRIS peso en gramos

$T_{0.63R}$ = temperatura del punto 0.63 R del termograma

0.3433 (25 − $T_{0.63R}$) sirve para ajustar el calor de reacción a cualquier temperatura arriba o debajo de la temperatura de referencia de 25 °C.

7. Calcule el equivalente calórico
8. Determine el equivalente calórico del calorímetro vacío restando la capacidad calorífica de 100 g. De 0.1 N HCl de e :

$$e` = e - (100.0 \text{ g})/0.99894 \text{ cal/g °C} \qquad (3\text{-}6)$$

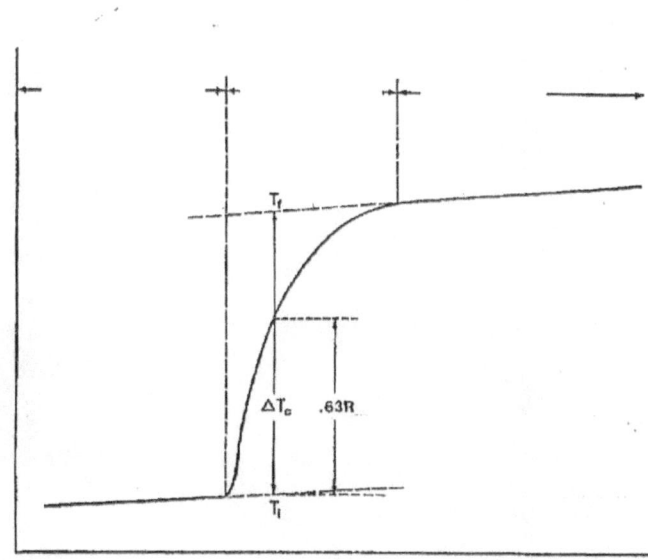

Figura 3.1. Termograma que muestra el procedimiento gráfico para determinar el incremento de temperatura.

 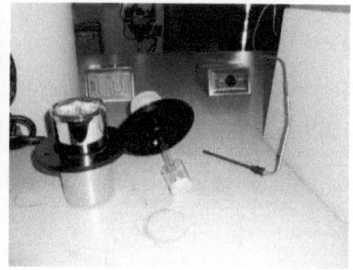

Ilustración 11. En la imagen de la izquierda se muestra el calorímetro de solución con el termómetro digital y porta celda insertado en la parte superior del equipo y del lado derecho se observa el Dewar en cuyo interior se introducirá la cámara de vidrio con la base de teflón que contendrá la muestra a analizar y el termómetro digital también mostrados en la imagen

PRÁCTICA 4

CALORÍMETRO DE COMBUSTIÓN

Objetivos

1. Obtener el equivalente calórico de un calorímetro de combustión empleando ácido benzoico como estándar
2. Determinar experimentalmente el calor de combustión del naftaleno

Prelaboratorio

a) Investigar el procedimiento para la determinación experimental del cambio de entalpía empleando un calorímetro de combustión. Calibración y análisis de la muestra
b) Cálculos para preparar 50 mL de NaOH 0.0709 N

Equipo, material y reactivos

- Calorímetro de combustión
- Bomba de oxígeno
- Tanque de oxígeno con manómetro
- Balanza analítica
- Parrilla de agitación
- Ácido benzoico
- Naftaleno
- Disolución de hidróxido de sodio, NaOH 0.0709 N 50 mL
- Bureta 25 mL
- 2 vasos de precipitados 250 mL
- Embudo de vidrio
- Pipeta de 5 mL
- Espátula

- Pizeta
- 4 Vasos de precipitados de 250 mL
- Unas pinzas pequeñas
- 4 Agitadores magnéticos
- Anaranjado de metilo

Introducción

El experimento consiste en emplear el calorímetro de combustión Parr 1341 y la bomba de oxigeno Parr 1108 para determinar el calor de combustión de una sustancia orgánica, en este caso naftaleno.

Se mencionan aquí las siguientes PRECAUCIONES que el alumno debe observar permanentemente para tener éxito de forma segura para él, sus compañeros y las instalaciones y equipos del laboratorio:

1. Evitar el peligro de chispazos o cortos circuitos que puedan producirse entre terminales expuestas y las partes metálicas del calorímetro.
2. Mantener el área de trabajo seca.
3. Mantener la bomba de oxigeno libre de restos de alambres en los electrodos que hayan quedado de experimentos previos.
4. No dañar las juntas de la bomba de oxigeno.
5. No tocar con parte alguna del cuerpo el calorímetro durante el periodo del disparo de la bomba de oxigeno y por lo menos hasta 30 segundos después.

Procedimiento

Se debe revisar el calorímetro para verificar si hay fugas mediante el sumergimiento de la cámara en una cubeta con agua

1. Inicie el experimento preparando la muestra y cargando la bomba de oxigeno como se indica en el instructivo 205 M.

2. Llene el vaso del calorímetro con 2000 g. ± 0.5 g de agua destilada. La temperatura del agua debe estar alrededor de 1.5 °C debajo de la temperatura ambiente.

3. Coloque el vaso dentro del calorímetro y deposite cuidadosamente la bomba de oxígeno procurando no agitar la muestra. Ponga la cubierta con el termómetro sobre el baño de agua.

4. Antes de iniciar una corrida de mediciones accione el agitador durante 5 minutos para alcanzar el equilibrio. Inicie el conteo del tiempo y registre la temperatura inicial.

5. Registre las temperaturas a intervalos de 1 minuto durante 5 minutos. Al sexto minuto aléjese a una distancia prudente del calorímetro y dispare la bomba manteniendo el botón de ignición presionando 5 segundos más después del disparo aunque el indicador luminoso se haya apagado.

6. Alrededor de 20 segundos después de haber disparado la bomba, la temperatura del vaso empezará a subir (rápido los primeros minutos, lentamente después aproximándose a un máximo estable). De este proceso, se requieren ciertos valores de temperatura y tiempo:

- a) El tiempo requerido para alcanzar el 60 % de incremento total de temperatura debe estimarse tomando lecturas de la temperatura a los 45, 60, 75, 90 y 105 segundos después del disparo de la bomba e interpolar estas lecturas para determinar el punto del 60 %.

b) Después del periodo de rápido incremento lea la temperatura a la mayor precisión posible a intervalos de 1 minuto hasta que la diferencia entre lecturas sucesivas sea constante durante 5 minutos.

c) Una vez tomada la última lectura de temperatura, pare el motor y quite la cubierta al calorímetro. Limpie el bulbo del termómetro y el agitador con un trapo limpio. Saque la bomba del vaso, remueva los cables de ignición y limpie la bomba con un lienzo limpio.

d) Libere la presión de la bomba antes de quitar la tapa. Hágalo lentamente. Quite la tapa y observe el interior de la bomba. *Si encuentra restos de una combustión incompleta la prueba deberá descartarse*. Lave todas las superficies interiores de la bomba con agua destilada, si es posible a presión, y recoja en un vaso de precipitados los restos de agua. Quite todos los restos de alambre en los electrodos y enderécelos para medirlos. Reste esta cantidad de la longitud inicial de 10 cm y tome esta cantidad como la cantidad neta de alambre quemado.

e) Valore los efluentes de la bomba con una solución de carbonato de sodio estándar usando naranja de metilo o rojo de metilo como indicador. Se recomienda una solución de carbonato de sodio 0.0709 N para la valoración con el propósito de simplificar los cálculos. Se prepara disolviendo 3.76 g de Na_2CO_3 en agua y aforando a 1 L. Se pueden usar también soluciones de NaOH ó KOH de la misma normalidad.

f) Analice los efluentes de la bomba para determinar si el contenido de azufre de la muestra excede 0.1 %.

g) Alternativamente, las mediciones de temperatura pueden ser realizadas con el termómetro Parr 1672 de precisión que se encuentra incorporado al calorímetro de soluciones Parr 1455. Simplemente, substituya el termómetro de mercurio por el termisor del termómetro 1672 y proceda a realizar la corrida con el código *15. El termómetro está programado para determinar el alcance del equilibrio térmico en el período previo así como en el periodo posterior.

También señala el momento de efectuar la ignición de la muestra y calcula el calor grueso de combustión (ver abajo). Los parámetros que se le proporcionan al programa son el número de identificación de la corrida y el tamaño de la muestra en la bomba de oxígeno. ***Estudie cuidadosamente el funcionamiento del termómetro 1672 en los instructivos y en especial los códigos *.*** Ajuste la configuración del aparato para las necesidades específicas de su experimento.

Cálculos

Al final de cada corrida deberá registrar los siguientes datos:

a = tiempo de combustión

b = tiempo al que la temperatura alcanza el 60 % del incremento total.

c = tiempo de inicio del periodo (después de que la temperatura se incrementó) en el que la rapidez de cambio de la temperatura es constante.

t_a= temperatura en el momento de disparo de la bomba de oxígeno, corregida por el error de la escala del termómetro.

t_c = temperatura en el momento c, corregida por el error de la escala del termómetro

r_1 = rapidez (unidades de temperatura por minuto) con la cual la temperatura aumentó durante los 5 minutos previos al disparo de la bomba.

r_2= rapidez (unidades de temperatura por minuto) del incremento de la temperatura (o decremento, en cuyo caso r_2 es negativa) después del instante c.

c_1= mililitros en la bureta utilizada con la solución alcalina durante la valoración del ácido.

c_2= porcentaje de azufre en la muestra.

c_3= centímetros de alambre fundidos en la combustión.

W = equivalente calórico del calorímetro determinado mediante calibración.

m = masa de la muestra en gramos

El incremento de temperatura neto corregido t esta dado por la ecuación:

$$t = t_c - t_a - r_1(b-a) - r_2(c-b)$$

Debe calcular las siguientes correcciones termoquímicas para cada corrida:

e_1= corrección en calorías por el calor de formación de ácido nítrico (HNO_3)
 = c_1 si se usó la solución alcalina 0.079 N en la valoración

e_2= corrección en calorías por el calor de formación de ácido sulfúrico (H_2SO_4)
 = $(13.7)(c_2)(m)$

e_3= corrección en calorías por el calor de combustión del alambre de los electrodos.
 = $(2.3)(c_3)$ si se utilizó alambre de níquel- cromo Parr 45 C10.
 = $(2.7)(c_3)$ si se utilizó alambre de fierro no.34 B.u S.

Calcule el calor grueso de combustión H_g en calorías por gramo:

$$H_g = (tW - e_1 - e_2 - e_3)/m$$

El calor grueso de combustión es el calor producido por la muestra cuando arde, más el calor cedido por el vapor de agua formado (la muestra contenía humedad) cuando se condensa y enfría a la temperatura de la bomba. El calor neto de combustión se obtiene restando el calor latente del calor grueso. Si se conoce el contenido en % de hidrógeno H_2 en la muestra, el calor neto de combustión esta dado por:

$$H_n = 1.8H_g - 91.23H$$

Este valor esta en BTU por libra.

Calibración del calorímetro

La calibración consiste en operar el calorímetro con una muestra estándar a partir de la cual se determina el equivalente calórico o capacidad calorífica efectiva. El equivalente calórico representa la energía requerida para elevar la temperatura del calorímetro en un grado, usualmente expresado en calorías por grados Celsius. Este factor, para el calorímetro 1341 con la bomba de oxigeno 1108 usualmente se encuentra en el intervalo de 2410-2430 cal/°C. El valor exacto deberá ser determinado por el usuario. Se requieren por lo menos 4 corridas de calibración (de preferencia más) y promediar los resultados obtenidos para hallar el equivalente calórico W para subsecuentes corridas con otras muestras.

Muestras estándar

Con el propósito de calibrar el calorímetro se utiliza 1 g de ácido benzoico. PRECAUCIÓN: el ácido benzoico debe siempre comprimirse en una pequeña pastilla antes de quemarse en la bomba de oxígeno para evitar posibles daños.

Procedimiento

El procedimiento de calibración del calorímetro es exactamente el mismo que para la corrida de una muestra. Use una pastilla de ácido benzoico estándar de no menos de 0.9 ni más de 1.25 g. Determine el incremento de temperatura corregido de los datos medidos, también valore los efluentes de la bomba para determinar la corrección de ácido nítrico y mida el largo del alambre no quemado en los electrodos. El equivalente calórico W esta dado por:

$$W = (Hm + e_1 + e_3)/t$$

W en cal/°C

H = calor de combustión de ácido benzoico estándar en cal/g

m = masa de la muestra de ácido benzoico estándar en g

t = aumento neto corregido de temperatura en °C

e_1 = corrección por calor de formación de ácido nítrico en cal

e_3 = corrección por el calor de combustión del alambre quemado en cal

A continuación se presenta un ejercicio con fines de ilustrar el procedimiento de cálculo.

La calibración con una muestra de 1.1651 g de ácido benzoico (6318 cal/g) produce un aumento neto corregido de temperatura de 3.047 °C. La valoración del ácido nítrico requiere de 11.9 mL de solución alcalina estándar para titularse y 8 cm de alambre se queman durante su combustión. ¿Cuál será el equivalente calórico W del calorímetro?:

Respuesta

$W = [(6318)(1.1651) + 11.9 + 18.4]/3.047 = 2425.80$ cal/°C

$e_1 = (11.9 \text{ mL})(1 \text{ cal/mL}) = 11.9$ cal

$e_3 = (8 \text{ cm})(2.3 \text{ cal/cm}) = 18.4$ cal

Correcciones

Correcciones del termómetro. La exactitud de los termómetros proporcionados con los calorímetros Parr ha sido probada a intervalos de 1.5°C en la escala completa de estos. Las correcciones que han de ser aplicadas en cada uno de los puntos de prueba se encuentran en el certificado del termómetro adjunto que **solamente es válido para este termómetro**. La corrección debe sumarse o restarse según se indique en la carta reportada en el certificado.

Lo anterior se cumple si la diferencia de temperatura entre el baño térmico del calorímetro y el ambiente es menor que 1.5°C. De no ser así, consulte el manual 204M para calcular la corrección que ha ser aplicada a las lecturas del termómetro.

Se recomienda revisar el termómetro antes de hacer las mediciones y eliminar cualquier imperfección visible en la columna de mercurio.

Corrección por producción de ácidos. Como la combustión de la muestra ocurre en una atmósfera de oxígeno, hay reacciones laterales que generan cantidades apreciables de calor y que no deben ser adjudicadas a la muestra. Por ejemplo, en una combustión normal, todo el azufre se oxida y se libera como SO_2 y el nitrógeno del material no se ve afectado. Pero cuando la combustión ocurre en la bomba de oxigeno, la oxidación del azufre lleva primero a la forma SO_3, la cual se combina con el vapor de agua para formar ácido sulfúrico H_2SO_4 y algo del nitrógeno en la bomba se oxida y combinado con vapor de agua forma ácido nítrico HNO_3. Cabe señalar que al calcular la corrección por la formación de ácido, se supone que todo el ácido valorado es ácido nítrico (HNO_3) y que el calor de formación de 0.1 N HNO_3 es, en las condiciones de la bomba, de –14.1 Kcal/mol. Si está presente también el ácido sulfúrico, parte de la corrección para el H_2SO_4 se incluye, bajo esa premisa, en la corrección por ácido nítrico.

Corrección por azufre. Debe aplicarse una corrección de 1.4 Kcal por cada gramo de azufre convertido a ácido sulfúrico. Esto se basa en que el calor de formación de 0.17 N H_2SO_4 es de –72.2 Kcal/mol. Pero como en la corrección de ácido nítrico se incluyeron (ver arriba) 2x14.1 Kcal/mol de azufre, entonces la corrección del azufre debe ser en realidad 72.2-(2x14.1) o 44.0 kcal/mol o 1.37 kcal/g de azufre. Por conveniencia esto se puede expresar como 13.7 cal por cada punto porcentual de azufre en cada gramo de la muestra.

Corrección por la fusión de alambre. La circulación de una corriente eléctrica por el alambre de ignición produce calor tanto por efecto Joule como por la combustión de parte del alambre. Se puede suponer que la primera parte de este calor generado por el efecto Joule sea la misma para las substancias estándar como para otras substancias de calor de combustión desconocido, por lo que esa pequeña contribución no requiere corrección. Sin embargo, como la cantidad de alambre que se quema es diferente de prueba en prueba, debe hacerse una corrección por este hecho.

Reste la parte (en cm.) de alambre no quemado de los 10 cm iniciales. Suponga un calor de combustión de 2.3 cal/cm para el alambre Parr 45Cl0 (de como C No. 34 norma B. u S.) o 27 cal/cm para el fierro No. 34 norma B. u S.

Corrección por radiación. La corrección por calor ganado o perdido por radiación en un calorímetro sencillo se puede hacer en términos de la norma descrita en las designaciones D240 y D3286 de la sociedad americana para pruebas y materiales (ASTM por sus siglas en inglés) basadas en el trabajo de H.C. Dickinson en el National Bureau of Standards (EU). De acuerdo a esto, dicho calor puede aproximarse suponiendo que el calorímetro es calentando por los alrededores durante el primer 63 % del incremento de temperatura con una rapidez igual al medido durante el período previo de 5 min. Después, durante el 37 % restante ocurre el enfriamiento (o calentamiento) con rapidez idéntica al que se observa durante el periodo posterior de 5 min.

Efecto de la magnitud de los errores

-El error de 1 mL en la valoración de ácido cambiará el valor térmico en 1 cal.
-El error de 1 cm en la medición de la cantidad de alambre ignición quemado cambia el valor térmico en 2.3 cal.
-El error de 1 g en la medición de 2 kg de agua cambiará el valor térmico en 2.8 cal.
-El error de 1 mg en el peso de la muestra cambiará el valor térmico en 6.7 cal.
-El error de 0.002 °C en la medición del incremento de temperatura cambiará el valor térmico de 4.8 cal.

  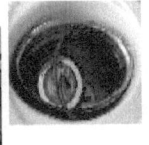 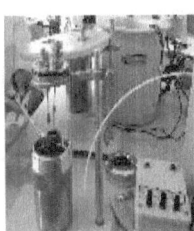 

Ilustración 12. De izquierda a derecha. a) Muestra la cabeza de la bomba calorimétrica en el soporte con su cápsula de combustión y la pastilla del sólido a quemar. b) Se presenta la chaqueta externa de la bomba calorimétrica con los cables que se conectan a la unidad de ignición y tapa de la chaqueta en el soporte. c) Se observa la bomba calorimétrica sumergida en la cuba de agua dentro de la chaqueta externa del calorímetro. d) Unidad de ignición junto a la bomba calorimétrica bajo la tapa de la misma. e) Bomba calorimétrica con tapa

PRÁCTICA 5

DETERMINACIÓN DE LA CONSTANTE DE EQUILIBRIO DEL ÁCIDO ACÉTICO POR MEDICIONES DE CONDUCTIVIDAD

Objetivo

Determinar la constante de equilibrio y la conductividad molar a dilución infinita del ácido acético por medición de la conductividad.

Prelaboratorio

a) Investigar en qué consiste una celda simple de conductividad
b) ¿Qué es la constante de una celda de conductividad y cómo se determina?
c) Definición de conductividad y sus unidades
d) Dependencia de la conductividad molar con la concentración para electrolitos fuertes y débiles.
e) Ecuaciones para determinar la constante de disociación de un ácido débil y su conductividad molar a dilución infinita
f) Investigar la constante de equilibrio para el ácido acético
g) Cálculos para preparar 100 mL de NaOH 0.1 M, 10 mL de biftalato de potasio y 100 mL de ácido acético 0.1 M (revisar la densidad y pureza de este ácido en el laboratorio)

Aparatos y reactivos

- Conductímetro con celda termostada
- Baño recirculante de agua
- Balanza analítica
- Parrilla de agitación
- Hidróxido de sodio NaOH

- Ácido acético CH_3COOH
- Biftalato ácido de potasio ($C_8H_5O_4K$)
- Fenolftaleina
- Bureta de 25 mL
- Pinzas para bureta
- Embudo de vidrio
- 4 Pesafiltro
- 1 Pizeta
- 3 Agitador magnético
- 2 Matraces aforados de 100 mL
- 8 Matraces aforados de 25 mL
- 10 Vasos de precipitados de 250 mL
- 1 Pipeta volumétrica de 10 mL
- Pipeta automática de 1000 µL
- 2 Mangueras
- 8 Vasos de precipitados 50 mL

Procedimiento

1. Prepare 100 mL de NaOH 0.1 M.
2. Prepare 3 x 10 mL soluciones de biftalato ácido de potasio 0.1 M
3. Titule cada una de las soluciones de biftalato de potasio con NaOH empleando fenolftaleína como indicador.
4. Prepare 100 mL de CH_3COOH 0.1 M.
5. Valore el ácido acético CH_3COOH preparado empleando 3 x 10 mL de solución con el NaOH normalizado, emplee fenolftaleína como indicador.
6. Prepare 8 diluciones de 25 mL c/u del CH_3COOH normalizado entre 5×10^{-4} y 5×10^{-3} M.
7. Mida la conductividad del agua desionizada

8. Mida la conductividad de cada una de las soluciones de CH_3COOH preparadas (dos veces c/u).

NOTA: Debe termostatar la celda de conductividad fijando la temperatura en 25 °C. Registre las lecturas de conductividad después de que éstas se hayan estabilizado. Después de cada medición con las soluciones de ácido acético CH_3COOH, verifique la conductividad del agua. Después de cada medición enjuague varias veces la celda de conductividad.

Resultados y Cálculos

Construya una gráfica de $1/\Lambda$ vs $\Lambda.c$, (Λ, conductancia equivalente y c es la concentración, mol/L) del ajuste lineal de los datos obtenidos calcule la constante de equilibrio del CH_3COOH y la conductividad molar a dilución infinita, de acuerdo a la Ley de dilución de Ostwald.

Discusión

Compare el valor de la constante de equilibrio, K .obtenido con el reportado en la literatura.

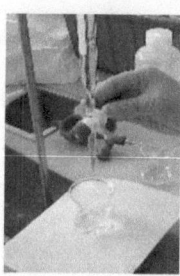

Ilustración 13. El cambio de coloración durante la estandarización de la disolución de hidróxido de sodio 0.1 M se muestra en esta secuencia de imágenes. En la primera de la izquierda la disolución es traslúcida. Al llegar al punto de titulación el indicador de fenoftaleína le da una coloración homogénea, estable y óptimamente distinguible

Ilustración 14. Del lado izquierdo se observan las tres soluciones de biftalato que se utilizaron para estandarizar la solución de NaOH, después del cambio de coloración. Del lado derecho se muestran las soluciones de ácido acético valoradas con NaOH

Ilustración 15. Se observa del lado izquierdo el equipo para medir conductividad de las soluciones. Del lado derecho se muestra la celda de medición de conductividad

PRÁCTICA 6

DETERMINACIÓN DE LA CONSTANTE DE EQUILIBRIO DEL ANARANJADO DE METILO POR MEDICIONES ESPECTROFOTOMÉTRICAS

Objetivo

Obtener los coeficientes de absortividad molar del anaranjado de metilo a diferentes unidades de potencial hidrógeno (pH´s) y determinar su constante de equilibrio.

Prelaboratorio

a) Investigue las características generales de un espectrofotómetro ultravioleta-visible.

b) ¿Qué es absorbancia? Ley de Lambert-Beer

c) ¿Cómo se determinan los coeficientes de absortividad molar?

d) ¿Qué indica un punto isosbéstico en un espectro de absorbancia *vs.* longitud de onda?

e) ¿Cuál es la estructura química del anaranjado de metilo en sus formas ácida y básica? Valor de pK_a y constante de equilibrio.

f) Investigue el procedimiento para calcular la constante de equilibrio de un indicador a partir de sus mediciones de absorbancia.

g) Realice los cálculos necesarios para preparar 500 mL de biftalato de potasio, 200 mL de HCl 0.1 M, 200 mL de NaOH, 100 mL de HCl 0.2 M, 100 mL NaOH 0.2 M y 10 mL de anaranjado de metilo 3×10^{-3} M.

Aparatos y reactivos

- Espectrofotómetro UV/Vis
- Celdas de cuarzo

- Balanza analítica
- Potenciómetro con electrodo
- 2 Micropipetas de 1000 µL y 200 µL
- 1 Matraz aforado de 500 mL
- 4 Matraces aforados de 100 mL
- 1 Matraz aforado de 10 mL
- 5 Frascos de vidrio con tapa
- 6 Gradillas
- 30 Tubos de ensaye de 15 mL
- 6 Pipetas volumétricas de 10 mL
- 6 Vasos de precipitados de 250 mL
- 6 Agitadores magnéticos
- 3 Parrillas de agitación
- 6 Propipetas
- 1 Pizeta
- 2 Probetas de 100 mL
- 2 Probetas 50 mL
- 4 Pipetas Pasteur
- Parafilm
- Vaso de precipitados de 30 mL
- Hidróxido de sodio NaOH
- Ácido clorhídrico HCl

Procedimiento

1. Prepare 500 mL de biftalato de potasio, 200 mL de HCl 0.1 M, 200 mL de NaOH, 100 mL de HCl 0.2 M, 100 mL NaOH 0.2 M y 10 mL de anaranjado de metilo 3×10^{-3} M. Utilice agua destilada como disolvente.
2. Prepare las soluciones amortiguadoras de acuerdo a la **Tabla 6.1**

3. Verifique el pH de las soluciones amortiguadoras preparadas y del NaOH y HCl 0.2 M
4. Prepare, de acuerdo a la **Tabla 6.2**, las mezclas indicadas para cada solución amortiguadora y para las soluciones de NaOH y HCl 0.2 M
5. Registre en el espectrofotómetro el espectro de cada solución preparada, empleando agua como blanco de referencia.
6. Registre los espectros de cada solución de todas las series preparadas comenzando por la más diluida.

Tabla 6.1. Preparación de soluciones amortiguadoras.

pH	Biftalato de K 0.1 M (mL)	HCl 0.1 M (mL)	NaOH 0.1 M (mL)
2.5	56.3	43.7	0
3.5	85.9	14.1	0
4.5	85.2	0	14.8
5.5	57.8	0	42.2

Tabla 6.2. Preparación de soluciones del indicador a diferentes pH's y concentraciones.

Tubo	1	2	3	4	5
Volumen de la solución[a] (mL)	10	10	10	10	10
Solución de indicador (mL)	0.25	0.20	0.15	0.10	0.05
H$_2$O destilada (mL)	0.05	0.10	0.15	0.20	0.25

[a] Solución amortiguadora pH definido o bien solución de HCl ó NaOH 0.2 M.

Resultados y Cálculos

1. Calcule la concentración de cada solución preparada del indicador.
2. Determine la longitud de onda que da la diferencia máxima de las absorbancias de la forma ácida y básica (aproximadamente a 530 nm).

3. Grafique las absorbancias (a la longitud de onda seleccionada en el punto anterior) *vs* concentración del indicador y del ajuste lineal de los datos determine el coeficiente de absortividad molar (ε) a cada pH.

-El ε obtenido para la solución de NaOH 0.2 M corresponderá a a_2

-El ε obtenido para la solución de HCl 0.2 M corresponderá a a_3

-El ε obtenido para cada solución amortiguadora corresponderá a a'

4. Para cada solución amortiguadora calcule el valor de *K* (constante de equilibrio)

con la siguiente ecuación

$$\log K = -\log\{(a_3-a')/(a'-a_2)\} + pH$$

5. Reporte los valores de *K* obtenidos y el valor promedio de *K*

Discusión

Compare el valor de K promedio obtenido con el reportado en la literatura.

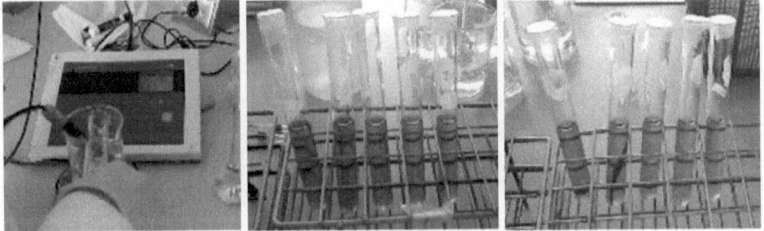

Ilustración 16 En la serie de imágenes se muestra el potenciómetro utilizado para medir el pH de las disoluciones. En el medio se muestran los tubos a distinta concentración de indicador con pH de 2.5. A la extrema derecha se muestran los tubos a la misma concentración anterior pero a pH 3.5

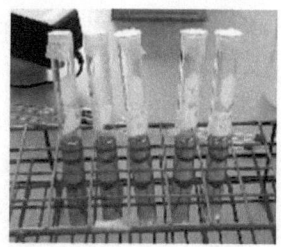

Ilustración 17. En esta imagen se muestran los tubos a distintas concentraciones de indicador para una disolución de HCl a 0.2 M

PRÁCTICA 7

VOLUMEN PARCIAL MOLAR

Objetivo

Determinar los volúmenes parciales molares de soluciones de NaCl a diferentes concentraciones y analizar su dependencia de la molalidad.

Prelaboratorio

a) Propiedades extensivas e intensivas de la materia, definición y ejemplos.

b) Definición de cantidades parciales molares, volumen parcial molar.

c) Ecuación de Gibbs-Duhem.

d) Investigar el equilibrio NaCl(s) ↔ NaCl(ac)

Introducción

El volumen molar parcial $\overline{V_i}$, puede ser entendido como el incremento en volumen de una cantidad infinita de disolución cuando 1 mol del componente *i* es añadido.

El $\overline{V_i}$, es importante porque puede correlacionarse con otras cantidades molares parciales tales como la energía libre de Gibbs molar parcial, conocida como potencial químico, cuya propiedad más importante es que para cualquier componente es igual para todas las fases que están en equilibrio mutuo.

Considérese un sistema en que una substancia sólida esta en equilibrio con la disolución acuosa saturada, el potencial químico del soluto es el mismo en las dos fases y que la presión cambia isotérmicamente, el cambio en la energía libre de Gibbs es

$$dG = Vdp$$

derivando respecto a n_2, el número de moles del soluto, obtenemos

$$d\overline{G}_2 = \overline{V}_2 dp$$

Para el cambio de estado

$$NaCl\ (s) = NaCl\ (ac)$$

Podemos escribir

$$d(\Delta \overline{G_2}) = \Delta \overline{V_2} dp$$

o

$$\left[\frac{\partial (\Delta \overline{G_2})}{\partial p}\right]_T = \Delta \overline{V_2}$$

si el volumen molar parcial del soluto en disolución acuosa es mayor que el volumen molar parcial del soluto sólido, un aumento en presión aumentará el potencial químico del soluto en disolución relativo al de la fase sólida, el soluto dejará la fase líquida hasta que una menor solubilidad de equilibrio sea alcanzada. Inversamente si el volumen molar parcial en la disolución es menor que en el sólido, la solubilidad aumentará con la presión.

Desviaciones de los valores esperados para volúmenes molares parciales en disoluciones ideales, son de considerable interés en relación con la teoría de las disoluciones.

Método

El volumen total de una disolución acuosa que contiene 55.51 mol (1 Kg.) de agua y m moles de soluto esta dado por,

$$V = n_1 \overline{V_1} + n_2 \overline{V_2} = 55.51\overline{V_1} + m\overline{V_2} \qquad (7\text{-}1)$$

donde 1 y 2 se refieren a disolvente y soluto respectivamente. El volumen molar parcial $\overline{V_1^0}$ del agua es 18.016/0.997044=18.069 cm³/mol a 25°C. Definiendo el volumen molar aparente del soluto Ç

$$V = n_1 \overline{V_1^0} + n_2 Ç = 55.51\overline{V_1^0} + mÇ \quad o \quad Ç = \frac{1}{n_2}(V - n_1) \qquad (7\text{-}2)$$

siendo $V = (1000 + mM_2)$ $\qquad n_1\overline{V_1^0} = 1000/d_0$

donde d es la densidad de la disolución y d_0 es la densidad del disolvente puro en g/cm^3 y M_2 es el peso molecular del soluto puro, sustituyendo estas últimas ecuaciones en la ecuación 7-2 obtenemos

$$\zeta = \frac{1}{d}\left(M_2 - \frac{1000}{m}\frac{d-d_0}{d_0}\right) \qquad (7\text{-}3a)$$

$$\zeta = \frac{1}{d}\left(M_2 - \frac{1000}{m}\frac{W-W_0}{W_0-W_e}\right) \qquad (7\text{-}3b)$$

siendo el peso del picnómetro: W_e vacío, W_0 lleno con agua y W lleno con la disolución.

De la definición de volumen molar parcial

$$\overline{V_2} = \left(\frac{\partial V}{\partial n_2}\right)_{n_1,T,P} = \zeta + n_2\left(\frac{\partial \zeta}{\partial n_2}\right) = \zeta + m\frac{d\zeta}{d} \qquad (7\text{-}4)$$

$$\overline{V_1} = \frac{1}{n_1}\left(n_1\overline{V_1^0} - n_2^2\frac{\partial \zeta}{\partial n_2}\right) = \overline{V_1^0} - \frac{m^2}{55.51}\frac{d\zeta}{dm} \qquad (7\text{-}5)$$

Para disoluciones de electrolitos simples se ha encontrado que muchas cantidades molares aparentes tales como ζ varían linealmente con $m^{1/2}$

$$\frac{d\zeta}{d} = \frac{d\zeta}{md\sqrt{m}}\frac{d\sqrt{m}}{d} = \frac{1}{m2\sqrt{m}}\frac{d\zeta}{d\sqrt{m}} \qquad (7\text{-}6)$$

$$\overline{V_2} = \zeta + \frac{m}{2\sqrt{m}}\frac{d\zeta}{d\sqrt{m}} = \zeta + \frac{\sqrt{m}}{2}\frac{d\zeta}{d\sqrt{m}} = \zeta^0 + \frac{3\sqrt{m}}{2}\frac{d\zeta}{d\sqrt{m}} \qquad (7\text{-}7)$$

$$\overline{V_1} = \overline{V_1^0} - \frac{m}{5.55}\left(\frac{\sqrt{m}}{12}\frac{d\zeta}{d\sqrt{m}}\right) \qquad (7\text{-}8)$$

donde $Ç^0$ es el volumen molar aparente extrapolado a una concentración de cero. La grfica de $Ç$ contra $m^{1/2}$ con el mejor ajuste lineal de los puntos, permite obtener a partir de la pendiente $\frac{dÇ}{d\sqrt{m}}$ y el valor de $Ç^0$, tanto $\overline{V}_1$ como $\overline{V}_2$.

Equipo, material y reactivos

- Picnómetro
- 5 Matraces volumétricos de 200 mL
- 4 Probetas de 100 mL
- 1 Embudo de talle corto
- 1 Espátula
- Baño de agua termostatado
- Termómetro
- Bomba de vacio
- Balanza analítica
- Dos arillos
- Ligas
- Cloruro de sodio
- Agua destilada
- Acetona(para limpiar el material)

Experimental

Preparar 200 mL de NaCl 3.0 M en agua, pese la sal con exactitud y use un matraz volumétrico, si es posible prepare la disolución con anticipación (debido a que la sal se disuelve con lentitud). Prepare soluciones diluidas de 1/2, 1/4, 1/8 y 1/16 de la disolución inicial de 3 M. Para cada dilución pipetee 100 mL de disolución inmediata anterior en un matraz volumétrico de 200 mL y afore con agua destilada. Es decir, para preparar la de ½ tome 100 mL de la 3 M y diluya a 200 mL, para la de ¼ tome 100 mL de la solución de ½ y diluya a 200 mL y así sucesivamente.

Enjuague el picnómetro con agua destilada y séquelo antes de usarse, también puede enjuagar con acetona y secar con vacio. Coloque el picnómetro en un baño térmico 25°C. Espere 15 minutos para que se alcance el equilibrio, ajuste el volumen del picnómetro. Saque el picnómetro del baño y rápidamente séquelo, pese el picnómetro.

El picnómetro deberá ser pesado seco y vacío (W_e) y también con agua destilada (W_0), así como con cada una de las disoluciones (W). Es aconsejable repetir las pesadas de W_e y W_0 como chequeo ya que los demás resultados dependen de ellos.

Todas las pesadas deberán realizarse en una balanza analítica a la mayor precisión posible. Anote los valores de todas las pesadas, de ser necesario aplique cualquier corrección de calibración.

Cálculos

Calcular la densidad d de cada disolución con una precisión de 1/1000

$$d = \frac{W_{soloución}}{V} = \frac{W - W_e}{V} \qquad (7\text{-}9)$$

Determine el volumen del picnómetro a partir de $W_0 - W_e$ y la densidad de agua a 25°C (0.997044 g/cm^3).

Las molalidades m (concentración en moles por kilogramo de disolvente) necesarias para los cálculos se obtienen de las molaridades M (moles por litro de disolución) a partir de los procedimientos volumétricos con la ecuación

$$m = \frac{1}{1-\left(\dfrac{M}{d}\right)\left(\dfrac{M_2}{1000}\right)}\dfrac{M}{d} = \frac{1}{\dfrac{d}{M}-\dfrac{M_2}{1000}} \qquad (7\text{-}10)$$

donde M_2 es el peso molecular del soluto (58.45 g/mol) y d es la densidad experimental en g/cm^3.

Calcule Ç para cada disolución empleando la ecuación 7-3b. Grafique Ç contra $m^{1/2}$. Del mejor ajuste lineal de los datos determine la pendiente $\dfrac{d\text{Ç}}{d\sqrt{m}}$, así como la ordenada al origen Ç^0 a $m=0$.

Calcule $\overline{V_1}$ y $\overline{V_2}$ para $m = 0, 0.5, 1.0, 1.5, 2.0$ y 2.5 y grafíquelos contra m, trace una línea suave entre los puntos.

En su reporte presente todas las gráficas mencionadas y en una tabla las cantidades: d, M, m, $(1000/m)(W-W_0)/(W_0-W_e)$ y Ç para cada solución estudiada. Dé los valores obtenidos para el volumen del picnómetro V_p, Ç^0 y dÇ$/dm^{1/2}$.

Illustración 18. Del lado izquierdo se muestra como se fijó el picnómetro vacío y con las disoluciones en el baño de agua a 25°C y del lado derecho se presentan las diferentes diluciones de NaCl preparadas

PRÁCTICA 8

REFRACTOMETRÍA

Objetivos

En esta práctica el alumno:

a) Comprenderá el concepto de índice de refracción.
b) Conocerá y manipulará el refractómetro de Abbe
c) Determinará el índice de refracción de varias sustancias
d) Encontrará la relación entre el índice de refracción y los siguientes parámetros: densidad, concentración y temperatura.

Prelaboratorio

a) Definición de índice de refracción
b) Definición de ángulo de refracción total
c) Factores que afectan el índice de refracción (longitud de onda de la luz incidente, temperatura, estructura química, concentración)
d) Refractómetro de Abbe. Descripción y manejo del equipo
e) Definición de densidad y su determinación experimental
f) Picnómetro.- Descripción y manejo
g) Índice de refracción y densidad de la sustancias empleadas en la práctica, indicando la temperatura

Equipo, material y reactivos

- Refractómetro de Abbé termostatado a 25°C
- Balanza analítica
- 1 Termómetro
- 1 Picnómetro
- 1 Micropipeta de 1000 μL
- 1 Pizeta

- 8 Matraces aforados de 5 mL
- 8 Pipetas graduadas de 2 mL
- Agua destilada
- Etanol
- Metanol
- Acetona
- Tetracloruro de carbono
- Cloroformo
- n- Hexano
- Una muestra de leche (traer al laboratorio)

Procedimiento experimental

Experiencia No. 1. Determinación del índice de refracción de sustancias puras. Determine los índices de refracción con el refractómetro de Abbé siguiendo las indicaciones del profesor, y las densidades de las sustancias seleccionadas a temperatura constante. Realice tres mediciones para cada sustancia. Compare y discuta sus resultados con la información reportada en la literatura.

Experiencia No. 2. Determinación de la relación índice de refracción-concentración. Prepare las siguientes series de soluciones. Ajuste los volúmenes de agua y etanol para un volumen final de 5 mL.

Agua (ml)	4.75	4.5	4.25	4.0	3.75	3.5	3.0	2.5
Etanol (ml)	0.25	0.5	0.75	1.0	1.25	1.5	2.0	2.5

Determine el índice de refracción de cada una de las soluciones anteriores utilizando refractómetro de Abbé.

Con los resultados obtenidos construya una gráfica del índice de refracción (**n**) contra concentración de alcohol en la solución en % V/V. Interpreta y concluya.

Experiencia No. 3. Determinación de la concentración de una solución desconocida de alcohol etílico. Determine el índice de refracción de la solución desconocida utilizando el refractómetro de Abbé, este dato se obtiene de la interpolación usando la curva patrón para calcular su concentración.

Ilustración 19. De izquierda a derecha, se muestra el picnómetro lleno de forma adecuada hasta el límite de su capilar. El agua para llenar el picnómetro para asegurar su calibración se realiza con agua a 21 ° C medido con un termómetro de mercurio. En la tercera fotografía se muestran los prismas adonde se coloca una o dos gotas de solución. En la última imagen se muestra la conexión hidráulica correcta del refractómetro para mantener su temperatura constante

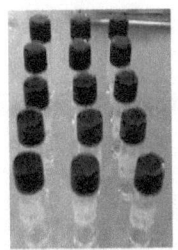
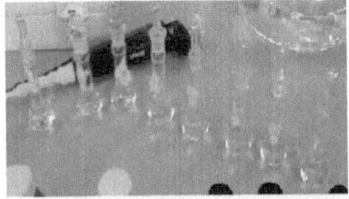

Ilustración 20. En la parte izquierda se observan los distintos frascos viales para almacenar las muestras a las cuales se les determina la densidad. Para elaborar la curva patrón se utilizaron matraces aforados en donde se prepararon las soluciones de alcohol

PRACTICA 9

DIAGRAMAS DE FASE BINARIOS LIQUIDO-VAPOR

Objetivo

Al finalizar esta práctica el estudiante habrá construido el diagrama de fases líquido-vapor del sistema ciclohexanona-tetracloroetano empleando como propiedad física medible el índice de refracción.

Prelaboratorio

a) Enunciar la regla de fases y explicar en qué consiste
b) Cómo se construyen y cómo se interpretan los diagramas de fases binarios
c) Ley de Raoult (desviaciones positivas y negativas, ejemplos)
d) Destilación definición y equipo para trabajo experimental en el laboratorio
e) Mezcla azeotrópica
f) Puntos de ebullición de las sustancias empleadas en la práctica

Equipo, material y reactivos

- Un refractómetro termostatado a 25°C
- Un barómetro
- Un termómetro de 0 a 100 o de 50 a 100 °C con graduaciones de 0.1°C
- Una mantilla de calentamiento eléctrico o un baño de vapor
- Un matraz de destilación Claisen
- Un refrigerante recto con mangueras para la entrada y salida de agua
- 20 Viales pequeños con tapa y con etiquetas para identificación de las muestras
- 1 Probeta de 100 mL
- 2 Vasos de precipitados de 250 mL
- 5 Pipetas de 2 mL y un bulbo de goma para la pipeta

- 2 Matraces Erlenmeyer de 500 mL
- Tetracloroetano puro (300 mL)
- Ciclohexanona pura (350 mL)
- Acetona para enjuagar material
- Una botella grande para depositar las mezclas de desechos
- Tapones horadados para el brazo de destilación del matraz (para el termómetro) y entradas al refrigerante
- 1 Tapón sin horadar para el matraz de destilación
- 2 Soportes universales uno de ellos con arillo
- Pinzas para el matraz de destilación y para el refrigerante

Método

La curva de punto de ebullición puede construirse de los datos obtenidos en destilaciones en un aparato de destilación ordinario de "un plato". Se toman muestras pequeñas directamente del refrigerante, posteriormente se toman también pequeñas muestras del residuo con una pipeta. Se analizan las muestras del destilado y del residuo, y sus composiciones se grafican contra la temperatura a la cual fueron tomadas para obtener así el diagrama de punto de ebullición correspondiente. En el caso del destilado la temperatura que se graficará por cada muestra será un promedio de los valores iniciales y finales registrados durante la toma de la muestra. En el caso del residuo, la temperatura que debe graficarse es la registrada en el momento donde la destilación se detuvo para tomar la muestra del residuo.

El índice de refracción es una propiedad que puede emplearse para el sistema ciclohexanona-tetracloroetano. Los valores de n_D^{20} son 1.4507 para la ciclohexanona y 1.4942 para el tetracloroetano, y el $\log n_D^{20}$ es casi una función lineal del porcentaje en peso de la ciclohexanona. De esta manera se puede interpolar linealmente entre los valores listados en la **Tabla 9.1**, y luego convertir los porcentajes en peso en fracciones de moles.

Tabla 9.1. Logaritmo del índice de refracción para las mezclas ciclohexanona-tetracloroetano.[a]

$\log n_D^{20}$	$C_6H_{10}O^a$	$\log n_D^{20}$	$C_6H_{10}O^a$	$\log n_D^{20}$	$C_6H_{10}O^b$
0.17441	0	0.16864	40	0.16360	80
0.17298	10	0.16719	50	0.16256	90
0.17155	20	0.16582	60	0.16158	100
0.17010	30	0.16473	70		

[a] Tabla reproducida con permiso de McGraw-Hill Interamericana Editores, S.A. de C.V., exclusivamente para ser incluida en este manual. [b] Porcentaje en peso.

Precaución: Estás soluciones se descompondrán lentamente a temperatura ambiente (1 día) y más rápidamente durante la destilación a altas temperaturas. Las soluciones impuras adquirirán un color amarillento, el cual interferirá con las medidas del índice de refracción. Emplee material de vidrio muy limpio y no prolongue innecesariamente las destilaciones.

Procedimiento

Para este experimento puede emplearse un aparato de destilación simple como el que se muestra en la **Figura 9.1**. El bulbo del termómetro debe estar aproximadamente a nivel del brazo de salida del matráz al refrigerante. Solo cuando se tomen muestras del destilado para análisis se debe poner un matraz adecuado en la parte baja del refrigerante.

Antes de comenzar las destilaciones, prepare 20 viales de 5 mL con tapa para tomar las muestras. Etiquete los viales con las designaciones $1L$, $1V$, $2L$, ..., $10V$ (donde

L=residuo liquido; y V = vapor condensado o destilado). Deben tomarse muestras de aproximadamente 2 mL.

Cuando la destilación proceda a una velocidad moderada muy cerca de la temperatura deseada, remplace rápidamente el matraz receptor con un vial y registre la temperatura del termómetro. Después de que se hayan recolectado aproximadamente 2 mL, registre nuevamente la temperatura del termómetro, vuelva a colocar el matraz y tape el vial. Apague y baje la mantilla de calentamiento para interrumpir la destilación. Justo en el momento en que la temperatura comienza a caer, registre la temperatura. Después de que el matráz se haya enfriado de 10 a 20 °C, después destape el matraz e inserte una pipeta volumétrica de 2 mL equipada con un bulbo de goma. Llene la pipeta y descárguela en el vial apropiado y tape el vial.

Los números de los párrafos corresponden a los números de muestra. Se recomienda emplear una probeta para medir los reactivos. Las temperaturas recomendadas son las apropiadas para 760 Torr de presión, si la presión ambiental difiere marcadamente de la indicada, las temperaturas deben ajustarse.

1 Tetracloroetano puro: Añada 125 mL (~200 g) de tetracloroetano en el matraz de destilación. Destile lo suficiente hasta obtener una temperatura constante (debe ser cercana a 146°C a 760 Torr). Tome las muestras 1 V y 1L para análisis.

2 149°C (parte del azeótropo rica en tetracloroetano): Enfríe el matraz de destilación y regrese el exceso de destilado obtenido en el párrafo 1 al matraz. Añada 38 mL (~36 g) de ciclohexanona. Reanude la destilación. Cuando se alcance la temperatura de 149°C, tome aproximadamente 2 mL del destilado (2V) y 2 mL del residuo (2L).

3 151° C: Continúe la destilación. Destile hasta que la temperatura alcance 151°C (esto puede tomar un poco de tiempo) y tome las muestras 3V y 3L.

4 154°C: Continúe con la destilación. Cuando la temperatura alcance 154°C, tome las muestras 4V y 4L.

5 157°C: Enfrié un poco el matraz, y añada 35 mL de tetracloroetano y 25 mL de ciclohexanona. Reanude la destilación, Cuando la temperatura sea de aproximadamente 157°C, tome las muestras $5V$ y $5L$.

6 Azeótropo: Enfríe un poco el matraz y añada 36 mL de tertacloroetano y 54 mL de ciclohexanona. Continué la destilación hasta que el punto de ebullición deje de cambiar significativamente, y tome las muestras $6V$ y $6L$. (Si el punto de ebullición no comienza a ser suficientemente constante, analice el residuo remanente, y tome 100 mL de la solución cualquiera que sea su composición y destile hasta alcanzar una temperatura constante y tome las muestras).

7 Ciclohexanona pura: Añada 105 mL de ciclohexanona en un matraz limpio y determine el punto de ebullición como se describió en el párrafo 1 para el tetracloroetano puro. (La temperatura debe ser cercana a 155°C a 760 Torr). Tome las muestras $7V$ y $7L$.

8 156.5°C *(parte del azeótropo rica en ciclohexanona)*: Enfríe el matraz de destilación y regrese al mismo el exceso de destilado obtenido en el párrafo 7, y añada 20 mL de tetracloroetano. Reanude la destilación y a aproximadamente 156 °C tome las muestras $8V$ y $8L$.

9 157°C: Enfríe un poco el matraz, y añada 50 mL de ciclohexanona y 17 mL de tetracloroetano. Continué con la destilación y tome las muestras $9V$ y $9L$ a aproximadamente 157°C.

10 Azéotropo: Reanude la destilación y continué hasta alcanzar la temperatura b de ebullición constante, y tome las muestras $10V$ y $10L$

Puntos a tomar en cuenta para el éxito de la práctica

- Tan pronto como sea posible (ya que las muestras se descomponen con el tiempo), mida y registre los índices de refracción.

- Al mismo tiempo que se realice la práctica, se deben tomar las lecturas del barómetro.

- Se debe registrar la temperatura ambiente con el propósito de hacer las correcciones necesarias a la temperatura.

- Al final del experimento todas las mezclas ciclohexanona-tetracloroetano deben ser desechadas apropiadamente.

Cálculos

Elabore una gráfica de índice de refracción vs.fracción molar de ciclohexanona, ajuste linealmente los datos. Emplee esta gráfica para determinar la composición del residuo y del vapor. Grafique las temperaturas (después de hacer las correcciones correspondientes) contra la fracción molar de ciclohexanona. Trace una curva suave a través de los puntos correspondientes al destilado (V) y otra a través de los puntos del residuo L. Etiquete todos los campos del diagrama para indicar qué fases están presentes. Reporte la composición azeotrópica y la temperatura junto con la presión atmosférica (*i.e.,* las lecturas del barómetro adecuadamente corregidas).

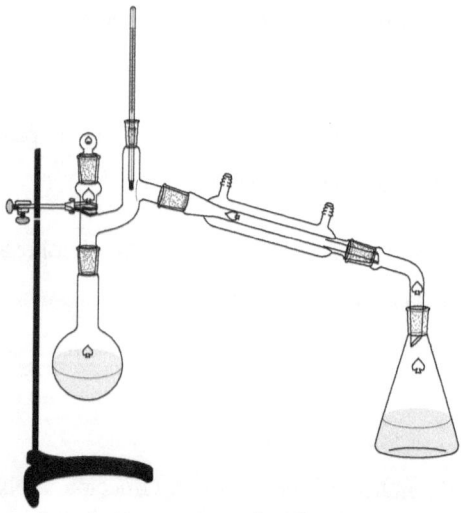

Figura 9.1. Esquema del sistema de destilación a montar para la realización de esta práctica. Reproducido con permiso de McGraw-Hill Interamericana Editores, S.A. de C.V., exclusivamente para ser incluido en este manual.

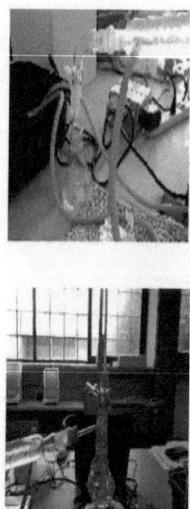

Ilustración 21. En la parte superior se muestra el arreglo experimental donde un matraz recibe el condensado de la destilación. El matraz es sustituído por el vial para la toma de muestra respectiva. En la parte inferior se muestra el retiro del matraz de la mantilla de calentamiento levantando el soporte universal que lo sostiene. Adicionalmente el papel aluminio es retirado para permitir la regulación de su temperatura y obtener la muestra del residuo

PRÁCTICA No. 10
DIAGRAMA DE FASES BINARIO SÓLIDO-LIQUIDO

Objetivo
El estudiante será capaz de construir el diagrama de fases binario sólido-líquido del sistema naftaleno-difenilamina por análisis térmico.

Prelaboratorio
a) ¿Cómo se construyen e interpretan los diagramas de fases binarios sólido-líquido?
b) Curvas de enfriamiento y temperatura de "arresto térmico"
c) Diferencia entre "arresto térmico" e interrupción
d) ¿Qué es la composición eutéctica y temperatura eutéctica?
e) Puntos de fusión y calor de fusión de naftaleno y difenilamina

Introducción

El equilibrio en un sistema sólido-líquido con solubilidad limitada puede dar origen a un diagrama de fases. Acorde a la regla de las fases con dos componentes y tres fases hay un grado de libertad. Tanto la temperatura como las composiciones de todas las fases son fijas. Un sistema de tres fases coexistiendo al equilibrio es representando por un punto en la línea gruesa horizontal de la **Figura 10.1**.

El punto T_E, X_E es llamado el punto eutéctico. Diagramas como el mostrado en la **Figura 10.1** exhibiendo solubilidad sólida limitada existen para muchos sistemas incluyendo azobenceno-azoxibenceno, bismuto-estaño y plomo-estaño.

Es muy común en sistemas orgánicos, en donde un alto grado de incompatibilidad de entorno químico esta casi siempre presente, la solubilidad sólida es tan pequeña que puede ser despreciada. Aquí las regiones de solución-sólido α y β se comprimen en las líneas verticales A y B y el tipo de diagrama de fase obtenido se muestra en la **Figura 10.2**. Los principales hechos de este tipo de diagramas pueden ser entendidos al menos semicuantitativamente de la teoría de presión del punto de congelación, se obtiene la siguiente ecuación para la curva sólido-líquido:

$$T \cong T_A + \frac{RT_A^2}{\Delta H_A} \ln(1 - X_B) = T_A - \frac{RT_A^2}{\Delta H_A}\left(X_B + \frac{X_B^2}{2} + \ldots\right) \qquad (10\text{-}1)$$

donde ΔH_A es el calor de difusión de A. La curva teórica empieza con una pendiente negativa determinada por el punto de fusión y el calor de fusión del componente puro A, la pendiente aumenta en etapas al aumentar X_B de modo que la curva es cóncava hacia abajo. Similarmente para la curva liquida empezando en T_B se tiene:

$$T \cong T_B + \frac{RT_B^2}{\Delta H_B} \ln X_B = T_B - \frac{RT_B^2}{\Delta H_B}\left((1 - X_B) + \frac{(1 - X_B)^2}{2} + \ldots\right) \qquad (10\text{-}2)$$

La composición eutéctica y temperatura eutéctica son dadas por la intersección de las dos curvas de líquidos y pueden ser estimadas al resolver simultáneamente las ecuaciones 10-1 y 10-2 con la suposición de el líquido representa una solución ideal con respecto a ambos componentes sobre su rango de composición entera, la cual no es siempre valida al menos en sistemas metálicos.

Con la ayuda de la **Figura 10.2a** podemos predecir la naturaleza general de las curvas de enfriamiento en un sistema de esta naturaleza. Estas curvas, ejemplos de las cuales son mostradas en la **Figura 10.2b** son gráficas de temperatura contra tiempo obtenidas cuando las soluciones líquidas de varias composiciones se les permite enfriar por una lenta fuga de calor a los alrededores. Cuando un líquido consiste de A puro es enfriado, la temperatura disminuye hasta que el sólido A se empieza a formar, la temperatura permanece constante hasta que la solidificación sea completa, donde continua bajando. La curva muestra un "arresto térmico", mientras dos fases estén presentes en este sistema de un componente, solo hay un grado de libertad que es tomado como la especificación de la presión y la temperatura es fija. Cuando un líquido teniendo la composición eutéctica es enfriado, el comportamiento es similar en la obtención de arresto térmico. Aunque el número de componentes aumenta de uno a dos, el número de fases en el punto eutéctico aumenta de dos a tres y de nueva cuenta se tiene un grado de libertad que corresponde a la presión. Cuando un líquido de otra composición -X_1 en la **Figura 10.2a** es enfriado el sólido A se empieza a formar a T_1. Esto tiende a decaer de modo que su composición pasa a través de X_2, X_3,... y la temperatura cae en tanto que el sólido A solo continua separándose de la solución.

Con hay dos componentes y dos fases, hay dos grados de libertad, así a presión constante la temperatura no está fija pero varía con la composición del líquido. Sin embargo la pendiente de la curva de enfriamiento es mucho menor que para el enfriamiento de una fase sencilla, debido al calor liberado por la formación sólido A. El abrupto cambio en la pendiente que ocurre cuando el sólido A empieza a formarse es llamado un "rompimiento" o "interrupción". Cuando la composición de la disolución finalmente alcanza X_E, el sólido B empieza a formarse junto con el sólido A y los dos sólidos continúan separándose de la disolución a T_E hasta que no haya líquido, de este modo se obtiene un arresto.

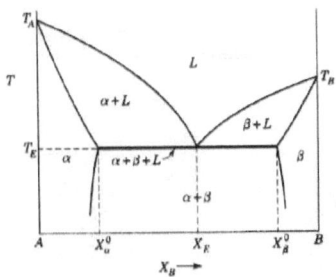

Figura 10.1. Esquema de un diagrama de fases sólido-líquido a 1 atm para un sistema binario con solubilidades de sólido limitadas y sin formación de compuesto.

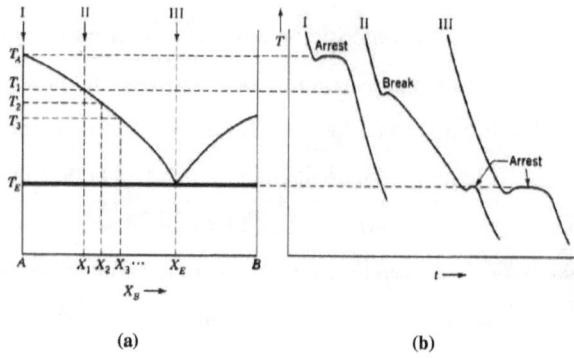

Figura 10.2 (a) Esquema de un diagrama de fases sólido-líquido a 1 atm para un sistema binario con solubilidades de sólido insignificantes y sin formación de compuesto. (b) Representación esquemática de curvas de enfriamiento para este sistema con diferentes composiciones. Reproducidos con permiso de McGraw-Hill Interamericana Editores, S.A. de C.V., exclusivamente para ser incluido en este manual.

Aparatos y reactivos

- Dos tubos de ensaye de 20 mL con tapón monohoradado
- Tubo de ensaye exterior con tapón
- Termómetro digital
- Balanza
- Cronómetro
- Alambre en forma de anillo para agitar
- Baño María
- Dewar pequeño
- Hielo
- Pesafiltro
- Dos espátulas
- Difenilamina 30 g
- Naftaleno 15 g
- Éter de petróleo o tolueno

Experimental

Prepare las mezclas como se indica en la **Tabla 10.1**.

Tabla 10.1. Disoluciones a preparar para el análisis térmico.[a]

Corrida	% en peso B (naftaleno)	Agregue (difenilamina)	A muestra de corrida
1	100	5g B	
2	83.3	1g A	1
3	66.7	1.5g A	2
4	50.0	2.5g A	3
5	33.3	5g A	4
6	0.00	5g A	5
7	16.7	1g B	6
8	25.0	0.67g B	7
9	Eutéctico		

[a]Tabla reproducida con permiso de McGraw-Hill Interamericana Editores, S.A. de C.V., exclusivamente para ser incluida en este manual.

Al pesar hágalo con la mayor precisión posible.

Para obtener una curva de enfriamiento, caliente el tubo interior conteniendo la mezcla en un vaso de agua caliente hasta que el sólido se funda completamente, levante el tubo seco y coloque la chaqueta exterior, coloque el ensamble de agua fría o hielo y agua. Agite continuamente y lea la temperatura a intervalos regulares (30 segundos). Continúe leyendo a temperaturas inferiores a 30° C.

Grafique cada temperatura leída contra tiempo tan pronto como es obtenida, después de cada corrida determine temperaturas de interrupción y/o de arresto y grafíquelas contra % en peso de B. De los resultados de las corridas de 1 a 8 dibuje las curvas de líquidos extrapólelas hasta la intersección de un punto de la línea eutéctica. Determine la composición eutéctica y prepare la mezcla teniendo dicha composición. Corra una curva de enfriamiento de esta mezcla.

Al final del experimento deseche las mezclas y limpie el material completamente, primero licúe la mezcla por calentamiento del tubo de ensaye en un vaso con agua caliente y ponga el contenido en un recipiente de desechos. Quite el tapón de hule y lave el tubo de ensaye, y el termómetro agitador con éter de petróleo o tolueno. Use varias porciones pequeñas en sucesión con la finalidad de minimizar la cantidad de disolvente requerido. Seque el aparato.

Cálculos

Convierta % peso a fracciones mol. Grafique las temperaturas de interrupción y de arresto contra la composición total X_B. Dibuje la línea eutéctica y las curvas líquidas, marque todos los campos para mostrar las fases presentes.

De las pendientes limitantes de las curvas de líquidos, estime lo calores de fusión de A y B, suponiendo que no hay apreciable solubilidad de sólido. Con estos valores para los calores de fusión grafique curvas ideales usando las ecuaciones 10-1 y 10-2. Compare la temperatura de intersección y composición con la temperatura eutéctica y composición encontrada en el experimento.

Ilustración 22. En esta imagen se muestra del lado izquierdo el arreglo experimental para llevar a cabo la fundición de la muestra. El seguimiento de la temperatura se hizo colocando el termopar dentro del tubo de ensaye. El calentamiento debe ser supervisado para evitar que la temperatura sea excesiva. Es visible el multímetro que lee la temperatura del termopar. A la derecha se muestra el Dewar utilizado para realizar el arresto de la muestra. Consiste en un recipiente aislado que contiene hielo.

PRÁCTICA No. 11

ESTUDIO DE LA ADSORCIÓN DE ÁCIDO ACÉTICO EN CARBÓN ACTIVADO

Objetivo

Construir y analizar una isoterma de adsorción de ácido acético en carbón activado.

Prelaboratorio

a) Definir: *i*) adsorción, *ii*) adsorción física, *iii*) adsorción química o activada
b) Definir adsorción de gases por sólidos y dar algunos ejemplos
c) Definir isotermas de adsorción y ecuaciones, *i.e.*, Freundlich, Langmuir, etc.
d) Definir adsorción de solutos por sólidos, presentar ejemplos, en particular con carbón activado
e) Investigar algunas aplicaciones del fenómeno de adsorción
f) Cálculos de las soluciones a utilizar: NaOH 0.1 M, 500 mL; biftalato de potasio 0.1 M, 20 mL; 50 mL de cada una de las siguientes concentraciones de ácido acético: 0.025 M, 0.1 M, 0.3 M y 0.45 M (ácido acético: 99.8 %, densidad = 1.05 g/ mL)

Material, aparatos y reactivos

- 1 Matraz aforado de 500 mL
- 4 matraces aforados de 50 mL
- 1 Bureta
- Pinzas para bureta
- 5 Pesafiltros
- 5 Embudos de vidrio
- 12 Matraces Erlenmeyer de 125 mL
- 2 Parrillas de agitación
- 8 Pipetas graduadas de 10 mL

- 1 Perilla
- 5 Agitadores magnéticos
- 1 Pizeta
- Papel filtro
- Balanza analítica
- Papel filtro
- NaOH
- Biftalato de potasio
- Ácido acético
- Fenolftaleína

Experimental

1. Prepare 500 mL de NaOH 0.1 M y estandarícelo con biftalato de potasio 0.1 M (dos soluciones de 20 mL cada una, use fenolftaleína como indicador)
2. Prepare 50 mL de cada una siguientes soluciones de ácido acético 0.025, 0.1, 0.3 y 0.45 M, determine la concentración real de cada una de las soluciones empleando dos alícuotas de 10 mL y el NaOH ya valorado, use fenolftaleína como indicador.
3. Pese en cada uno de los matraces Erlenmeyer de 125 mL 1 g de carbón activado en polvo y añada 25 mL de las soluciones 0.025, 0.1, 0.3 y 0.45 M de ácido acético.
4. Tape los matraces y agite suavemente durante 40 minutos.
5. Filtre cada una de las soluciones en filtros secos, desechando los primeros 3.5 mL del filtrado para evitar errores por la adsorción del ácido en el filtro.
6. De cada uno de los filtrados tome con una pipeta una alícuota de 10 mL y titúlela con la solución de NaOH valorada en presencia de fenolftaleína como indicador.
7. Por la cantidad de NaOH gastada en la titulación determine la concentración del ácido después de la adsorción.

8. Conociendo la cantidad de ácido en las muestras antes y después de la adsorción, calcule la cantidad de ácido adsorbido en 1 g de carbón activado y exprésalo en milimoles por 1 g de adsorbente.
9. Con los resultados obtenidos llene la siguiente tabla para cada una de las muestras.

Muestra	Cantidad de ácido en la muestra antes de la adsorción (milimoles) M_0	Volumen de NaOH valorado gastado en la titulación (mL)	Cantidad de ácido en la muestra después de la adsorción (milimoles) M_1	Ácido adsorbido = $[(M_0-M_1)/\text{masa carbón}] \times 1000$
1				
2				
3				
4				

10. Grafique el ácido adsorbido *vs.* concentración de ácido para obtener una isoterma de adsorción. Con estos resultados:
a) Determine si se cumple la ecuación de Langmuir o de Freundlich
b) Explique la causa de desviaciones entre los datos teóricos y los experimentales, si es el caso.
c) ¿Cuál de las ecuaciones concuerda mejor con los datos experimentales? ¿Por qué?

Ilustración 23. A la izquierda se muestra una de las titulaciones que se hicieron por duplicado. La fotografía del centro nos muestra las soluciones de ácido acético con carbono activado en agitación moderada. Por último la imagen de la derecha nos muestra el filtrado de la solución previo a su titulación

BIBLIOGRAFÍA

1. Shoemaker, D. F., Garland, C. Nibler, J. W., *Experiments in Physical Chemistry*, McGraw-Hill, 1989.

    NOTA: Con licencia de uso de McGrawHill Interamericana Editores, S.A. de C.V. para uso exclusivo en este manual de los textos, tablas y figuras del experimento 3 (páginas 105-108, 112 y 113), experimento 9 (páginas 189-194), experimento 14 (páginas 234-237) y experimento 15 (páginas 239-245) del texto original en las prácticas 1, 7, 9 y 10 de este manual.

2. Crockford, H. D., Nowell, J. W., Baird, H. W., Getzen, F. W., *Laboratory Manual of Physical Chemistry*, John Wiley & Sons, USA, 1975.

3. Manuales de equipos: a) *Manual de Calorímetro de Soluciones Parr 1455*, b) *Manual de Calorímetro de Combustión Parr 1341* y c) *Manual de Bomba de oxígeno Parr 1108*.

I want morebooks!

Buy your books fast and straightforward online - at one of world's fastest growing online book stores! Environmentally sound due to Print-on-Demand technologies.

Buy your books online at
www.morebooks.shop

¡Compre sus libros rápido y directo en internet, en una de las librerías en línea con mayor crecimiento en el mundo! Producción que protege el medio ambiente a través de las tecnologías de impresión bajo demanda.

Compre sus libros online en
www.morebooks.shop

KS OmniScriptum Publishing
Brivibas gatve 197
LV-1039 Riga, Latvia
Telefax: +371 686 204 55

info@omniscriptum.com
www.omniscriptum.com

www.ingramcontent.com/pod-product-compliance
Lightning Source LLC
Chambersburg PA
CBHW031538210526
45464CB00003B/1062